Es ist gut,
daß es uns noch gibt . . .

*Unserem Vater, »Steirers Schorsch«,*
*in Ehren und in Dankbarkeit*
*gewidmet.*

Wolf-Dietmar und Ursula Unterweger

# Es ist gut daß es uns noch gibt ...

Stürtz Verlag Würzburg

## Inhalt





Gesamtherstellung:
Universitätsdruckerei H. Stürtz AG, Würzburg

Gestaltung:
Gerhard Finger, Würzburg

ISBN 3 80003 0256 X

## *Es ist gut, daß es uns noch gibt . . .*

Sie sind die Zeugen einer Zeit, in der man noch nicht von der gesichtslosen, konformistischen, anonymen, angeglichenen Massenware Mensch sprach. Sie haben noch ein direktes Verhältnis zur Natur, zu den Pflanzen und Tieren; sie leben im Einklang und in Harmonie mit der Natur, wie es uns aufgetragen ist. So ist es gut, daß sie noch leben und aus jener Zeit sind, in der kein Thema wie Liebe, Haß, Ruhe, Arbeit, Feste, Einsamkeit, Trauer, Freude, Erfolg und Niederlage ausgespart blieb. Eine Vielfalt von Stimmungen und Empfindungen beherrscht ihr Leben auf dem Lande. Sie wissen, daß die Toten nicht ohne Macht sind. Ihr Geist ist in ihrer Erinnerung noch lebendig. Denn eines ist gewiß, der Tote lebt nur, solange ihn die Erinnerung der Überlebenden bewahrt, und um mit Hemingway zu sprechen: »Über Tote gibt es nicht viel zu sagen, außer daß sie tot sind.« Und die Toten werden vergessen werden, wenn jene sterben, die sie gekannt haben. Und wer kennt sie schon: den Done, den Schorsch . . .?

Sie sind Menschen, die alle nach dem Tode gleich sind, aber als Lebende es nicht sein wollen und sich deshalb auf ihre Art und Weise hervortun und sich dadurch vom Massenmenschen abheben.

Sie haben uns noch einiges zu sagen. Sie gebrauchen ihre Sprache oder nur ihr Wesen, um sich uns mitzuteilen. Und wir verstehen, was sie zu sagen haben. Ihre Sprache ist ganz ungekünstelt, jedermann verständlich, herb, mal herzlich, aufdringlich und zugleich zurückhaltend, ihr Charakter klar und fest. Ihr Dasein bestehen sie alle mit Haltung, mit Kraft und Mut, aufrecht und unerschütterlich. Alle haben sie ein Schicksal, erzählen ein Leben, das sich mit den Konventionen und harten Regeln auf dem Lande auseinandersetzen mußte, das die Grausamkeit der Armut und des Krieges erfuhr und das von jedem auf seine Weise, und mehr oder weniger mit Würde, bestanden wird. Ursprünglich, prall angefüllt mit Leben – leidvollem, glücklichem Leben – sind diese Leute.

So ist dieses Buch hier ein offenes Bekenntnis: Kleinen, scheinbar unbekannten Menschen unserer Landschaft, die von der Geschichtsschreibung noch schlechter behandelt wurden als von der Geschichte selbst, soll ein Denkmal gesetzt werden, damit sie nicht in die Anonymität verschwinden. Ihnen soll hier eine Identität gegeben werden, um sie als unverfälschte Dorfcharaktere weiterleben zu lassen.

Haben wir begriffen, daß die Vielfalt der Menschheit unaufhörlich verschwindet? Selbst die Naturvölker, die besser mit der Erde umzugehen verstehen, erliegen der alles gleichmachenden Zivilisation. Aber nicht nur mit dem Untergang der Naturvölker verarmt die Menschheit, sondern auch mit dem Verschwinden von Menschen unserer Heimat, deren Originalität ihnen teils angeboren, teils von ihrer bodenständigen Kultur geprägt, sie zu besonderen Charakteren des früheren Dorflebens werden ließ. Nicht überragend nach heutigen Maßstäben, im Sinne von ausstechen, überbieten, den Rang ablaufen, übertrumpfen, in den Schatten stellen, in die Tasche stecken, übertönen, mehr sein, zum Schweigen bringen, mehr haben und besitzen, modisch oder vornehm sein; sondern im Sinne von überzeugend, verblüffend, schlagkräftig, gewitzt, mit allen Wassern gewaschen, bauernschlau, mit gespielter Unschuld, schlitzohrig, demütig, gehorsam, geduldig, sanftmütig, aufbrausend, friedfertig, streitsüchtig, komisch, freigiebig, geizig, kautzig und originell.

Hier werden Menschen vorgestellt, die von den kollektiven Trends der Zeit noch nicht eingeholt, vom Wirtschaftswunder mit all seinen Licht- und Schattenseiten und von der Gleichmacherei, die keine Vielfalt mehr duldet, nicht vereinnahmt worden sind.
Sie zeigen Farbe, bekennen Farbe, und sie haben einen Standpunkt. Sie sind das Salz in der Suppe von so manchem faden Alltag. Ansichten, die sie leben, gelebt haben, klingen vielleicht wie aus einer anderen Welt. Sie sagen oftmals auf den ersten Blick ganz banale Worte. Auf den zweiten Blick kann man aber einfache, sehr hintergründige Wahrheiten darin erfahren. Manches klingt in unseren Ohren altmodisch. Es wirft sich die Frage auf: können Menschen, die altmodisch sind, die noch an traditionellen Werten festhalten, altes Gedankengut bewahren, Tätigkeiten nach althergebrachter Weise ausüben, eine Leitbildfunktion erfüllen? Ganz gewiß! Denn unsere Zeit mit ihrem Streben nach vergänglichen Gütern, mit ihrer nervösen Todesfurcht und starken Überschätzung dessen, was einer vorstellt, braucht wieder die richtigen Maßstäbe für die Kunst, durch das irdische Leben so gut wie möglich hindurchzukommen.

Hier bedarf es keiner Neuentdeckung des Individualismus von links oder von rechts. Keine Frage, es ist gesellschaftspolitisch dringend nötig, die Individualität wieder mehr zu dulden und nicht nur dieses, sondern sie wieder zu stärken und sie den Einzelnen ausleben zu lassen, damit Gefühle wieder gezeigt werden können. Auf diese Stärkung der Individualität müssen für die Zukunft viele politische Entscheidungen hinwirken, wenn das Individuum Mensch mit all seinen Schwächen, Stärken und Eigenarten nicht weiter verkümmern und die Demokratie noch mehr Schaden erleiden soll. Die Zukunft wird uns dann neue Chancen, aber auch neue Probleme bereithalten, mit denen zu leben und umzugehen ebenso gelernt sein will. Es gilt dafür einzutreten, daß der Mensch sich wieder entfalten kann und dann dagegen zu kämpfen, daß individuelle Stärke gegen Schwächere ausgenutzt wird, heute wie morgen.

Es handelt sich bei den hier dargestellten Menschen nicht um Individuen, wie sie uns heute im Alltag begegnen. Diese Menschen um uns sind im Grunde meist einsame Menschen, ständig auf der Suche nach dem persönlichen, echten Kontakt zu dem Normalbürger, die Realitäten des Lebens nicht verstehen wollend oder könnend, wie sie ihm begegnen, auf der Suche nach Wahrheit, zu gerne einer Wahrheit, die leicht und bequem ist. Die in diesem Buch dargestellten Leute wollen gar nicht so recht in unsere heutige Landschaft passen. Sie leben nicht in einer Welt, die sie überwältigt mit Begriffen wie Reichtum und Macht. Sie vermögen mit ihren eigenen Wertvorstellungen und ihrer eigenen Wirklichkeit in Einklang zu leben. Sicherheit, Wohlstand und Zukunft sind nicht ihr zentrales Lebensziel. Sie haben die Werte der anderen nicht übernommen und sich dabei selbst verraten.

Das Haar unter dem Kopftuch verborgen, so steht sie vor uns, die alte Frau und erzählt: sie arbeite schon ein Leben lang als Magd. Bei ihrem Bauern herrschte das Prinzip ungebrochener Autorität. Sie kenne niemanden in dieser Großfamilie, der darunter leide. Sie sei froh, daß der Bauer ihr viele Entscheidungen abnehme. So könne sie in Ruhe ihre Arbeit verrichten und in Gedanken bei Gott sein. Der Gedanke einmal unnütz zu sein, sei ihr noch nie gekommen. Ganz im Gegenteil, sie fühle sich wohl und geborgen und sie sei sicher, daß für sie gesorgt sei.

Für diese Geborgenheit verzichte sie gerne auf scheinbar Unverzichtbares, wie 40-Stunden-Woche, Urlaub und persönliche Habe. Das wenige Geld, das sie bekäme, reiche ihr, um noch genügend für die Kirche opfern zu können. Die Kraft, um mit ihren 78 Jahren die schwere Arbeit noch zu verrichten, hole sie sich beim allabendlichen Bibellesen.

Das Leben dieser alten Magd ist beileibe kein »Leben hinterm Mond«, das bestenfalls mitleidig belächelt werden kann. Hier trifft sich »Selbstversorgung in der Großfamilie« mit der modernen »Sehnsucht nach Geborgenheit«. Ein Weg aus der Isolation wird aufgezeigt. Wir wissen, daß die radikal christliche Lebensform der Hutterer, einer Glaubensgemeinschaft in Nordamerika, plötzlich wieder neue Faszination auszuüben vermag. Nicht nur Reporter stehen dort – meist vergeblich – Schlange, sondern auch junge Leute wollen zu Hunderten Hutterer werden. So muß das Leben dieser Magd oder jenes Knechtes, das nach dem Lebensgrundsatz der Hutterer »jeder gibt, was er kann, und kriegt, was er braucht« verläuft, neu bedacht, gesehen und verstanden werden. Hierin liegt auch eine Chance für junge Leute, ihrem Leben wieder einen neuen Sinn und Anreiz zu geben.

Es kann und darf nicht weiterhin von weiten Kreisen der Gesellschaft als schlecht und unter der Würde eines Menschen angesehen werden, sich etwas sagen zu lassen, sich wieder mit seiner Rolle zufriedenzugeben, Knecht im Sinne von dienen zu sein. So sollte die Arbeit eines Knechtes – selbst im strengen, winterlichen Schneetreiben, wie in diesem Buch hier – verstanden werden. Einen glücklichen und zufriedenen Knecht hat es wohl zu allen Zeiten gegeben, ebenso die unterdrückte und geknechtete Magd. Schon die Propheten waren Knechte. Die Knechte wurden geschickt, um den Anteil des Herrn abzuholen. Auch Christus hat als Sohn Gottes Knechtsgestalt angenommen.

Für uns persönlich steht außer Zweifel, daß es Herren und Diener geben muß. Außer, daß ihre Anwesenheit das Leben bunt und vielfältig macht, können sie gegenseitige Abhängigkeiten im positiven Sinne schaffen. Jedem ist geholfen. Der Herr ohne Diener ist kein Herr, er wird es erst durch ihn. Zwischen ihnen herrscht bei richtig verstandener Rollenverteilung ein echter Teamgeist. Da Dienen hier nicht gleichgesetzt werden darf mit unterwürfig sein, geht der Diener am Dienen nicht zugrunde, jedoch der Unterwürfige kann am Dienen zugrunde gehen.

Die völlige Unabhängigkeit ist ein Problem unserer Zeit. Gleichmacherei macht unabhängig, was gleichbedeutend ist mit gleichgültig. Gleichgültig dem anderen gegenüber, weil man nicht mehr aufeinander angewiesen ist. Leider hat sich die Einstellung breit gemacht, daß der Staat für alle Probleme des Lebens zu sorgen habe. So ist es gut, daß es noch Leute gibt, denen helfen, besser gesagt dienen, ein inneres Bedürfnis, eine Herzensangelegenheit und eine Selbstverständlichkeit ist.

Es ist auch gut, daß es Hochzeitslose gibt, ledig gebliebene Männer und Frauen. Wenn wir ihre Geschichte, oftmals eine Leidensgeschichte, begriffen haben, dann werden wir ihr von der Norm abweichendes Anderssein besser verstehen und tolerieren. Wir werden sie akzeptieren, in allem was sie tun, wie sie handeln und sich geben. Eigene innere Zwänge, Traditionen, der strenge Moralkodex, die Eltern, aber auch die zwei

Weltkriege und die Umstände haben zu ihrem persönlichen Schicksal beigetragen. Dennoch ist ihre Bestimmung nicht immer freudlos und gramerfüllt. Wenn sie ihr Leben leben durften und sie nicht gelebt wurden, wenn sie ihr Dasein selbst in die Hand nehmen konnten, haben wir es auch mit zufriedenen und glücklichen Dorffiguren zu tun. Hochzeitslose treten vor uns auf »mit unterirdischer oder überirdischer Ausstrahlung«, wie Martin Walser in der zweiten Notiz über Maria Beig schrieb. »Unzählige Babetten und Helenen sind in den letzten Tausend Jahren in dieser Gegend so durchs Leben gestoßen worden, als sei das Leben eine bösartige Maschine, nur konstruiert, so einer Babette oder Helene immer den am meisten schmerzenden Schlag zu versetzen. Und zwar immer den im jeweiligen Alter am meisten schmerzenden Schlag. Es wird gefügt. Der Dämon der Vereitelung wacht von jetzt an über ihrem Leben. Kriege, Katastrophen, Fortschrittswunder, Traditionslasten ... alles arbeitet mit, um aus ihnen eine Jahrhundertfigur zu machen.« (M. Walser)

Unsere aufgeklärte Zeit hat dazu beigetragen, daß diese Jahrhundertfiguren zum großen Teil aus unserer Landschaft verschwunden sind und dem Leiden dieser Unverheirateten, als Opfer gesellschaftlicher Zwänge, gedrängt in die Rolle oft geschundener Dulderinnen oder geschmähter Außenseiter auf dem Hofe, ein Ende bereitet worden ist. Martin Walser resümiert: »Mit ihnen ist eine Sorte Größe verschwunden, weil es diese Sorte Qual nicht mehr gibt.«

Heute wie morgen muß es Sieger und Verlierer geben. Auch ein Besiegter kann für sich gewinnen und wird zu der Erkenntnis gelangen, daß »alle Beschränkung beglückt«, wie dies Schopenhauer in seinen »Aphorismen zur Lebensweisheit« formulierte. Hierbei verstand er die Einengung des Gesichts-, Wirkungs- und Berührungskreises. Je weiter dieser Kreis sei, desto öfter fühlen wir uns gequält oder geängstigt. Mit ihm vermehren und vergrößern sich die Sorgen, Wünsche und Schrecknisse. So wird im Laufe des Lebens der Horizont unserer Zwecke und Beziehungen immer weiter, in der Kindheit jedoch ist dieser auf die nächste Umgebung und die engsten Verhältnisse beschränkt. Im besten Alter, in dem wir unseren Horizont auf die entferntesten Verhältnisse, auf Staaten und Völker ausgedehnt haben und wir die zweite Hälfte des Lebens erreichen, wird es plötzlich um uns einsamer.«

Die Midlife-Krise macht uns zu schaffen, und das Glück bleibt uns immer wieder versagt. Von nun ab müssen wir lernen zu begreifen, daß die »äußere Beschränkung dem menschlichen Glück förderlich, ja notwendig ist.« (Schopenhauer)

»Der Mensch lebt nicht nur allein, daß er viele Güter hat. So weit muß man geistig sein, daß man da nicht hängen bleibt«, gibt uns der alte, fünfundachtzigjährige Bauer zu verstehen und fährt in einem Atemzug fort: »Ich habe nie einen Traktor gehabt, immer habe ich mit zwei Pferden gearbeitet. Das geht auch, wenn man es nur will«.

Viele die sich dem Fortschritt verschrieben haben, stecken vielleicht in einer Identitätskrise und fragen sich: »wer bin ich eigentlich? Welche anderen Wertmaßstäbe außer Statusdenken habe ich?« Leben nicht viele Bürger über ihre Verhältnisse und sind sie nicht im Grunde unzufriedene Menschen, auch wenn sie es nach außen hin nicht zeigen wollen und oftmals sich selbst nicht eingestehen?

Wir sind einigen dieser in Demut lebenden Menschen begegnet. Menschen, die nicht nach irdischen Gütern strebten, denen bewußt war, daß alles Irdische vergeht, wie Reichtum, Ehre, Vergnügen, die alles Auffallende in ihrem Betragen vermeiden, im Gehen, im Reden, im Gebärden und im Kleiden. Wie sagte doch jene alte Bäuerin: »Mir reicht mein altes Haus, das ist meine Heimat, und ich bin zufrieden. Die neuen Häuser sind schon schön, aber die haben auch alle eine Türe zuviel, und das ist die, aus der man einmal herausgetragen wird und nichts mehr mitnehmen kann. Ich habe keine elektrischen Geräte. Wissen Sie, mir fehlt nichts, außer, daß ich kaum noch gehen kann.«

»Diese möglichste Einfachheit unserer Verhältnisse und sogar die Einförmigkeit der Lebensweise wird, solange sie nicht Langeweile erzeugt, beglücken, weil sie das Leben selbst, folglich auch die ihm wesentliche Last, am wenigsten spüren läßt: es fließt dahin wie ein Bach, ohne Wellen und Strudel.« So schreibt Schopenhauer in seinen »Paränesen und Maximen«, und man könnte glauben, die Menschen dieses Buches wüßten Bescheid um diese Maximen.

Sie sei von hier noch nicht weggekommen. Wahrlich eine Idylle dieser bejahrte Hof, von Brennesseln fast eingewachsen. Sie hänge an ihrer Heimat, hier fühle sie sich wohl. Sie lacht und meint, »es ist doch nirgends schöner als daheim.« Ob die Dorfverschönerer sie wohl auch anhören und sich überzeugen lassen und ein Herz für diese ergraute Frau haben und ihr ihre kleine Welt belassen?

Ein anderer: »Laßt mich doch in meinem Häuschen die paar Jahre, die ich noch zu leben habe. Hier gehör ich hin.« Vielleicht ein Hilferuf, sein Glück, sein bißchen Heimat nicht doch noch durch eine Bestimmung von »oben herab« zu zerstören. »Was soll ich im Altersheim tun?« »Bevor sie mich dort hinbringen, fahre ich mit meinem Moped weg. Jetzt bin ich fünfundachtzig Jahre alt geworden, und nun wollen sie mir mein Häuschen (das kleinste und älteste Bauernhaus im Dorf) abreißen. Können sie nicht noch warten bis ich drüben auf dem Friedhof liege?«

Noch tiefer beeindruckt waren wir von den Äußerungen eines greisen Knechtes. Er sei glücklich und zufrieden, noch am Fenster seines altersschwachen, von den Bewohnern seines Dorfes als Schandfleck bezeichneten Hauses, sitzen zu dürfen. Herauszuschauen und zu wissen, was im Dorfe sich abspielt, das genüge ihm. Wahrlich eine begrenzte Perspektive, die ihm dieses Fenster eröffnet.

Doch wir begegneten nicht nur gesunden Menschen, die in einfachen Verhältnissen lebten, sondern vereinzelt auch kranken, geistig beschränkten Menschen. Menschen, die in früheren Zeiten das Dorfgeschehen mitbelebten, sich heute jedoch in Heimen wiederfinden, als Ausgestoßene einer leistungsorientierten Gesellschaft, die keine Kranken mehr duldet. Noch immer gibt es große Vorurteile in der Bevölkerung psychisch kranken Menschen gegenüber. Sie haben keinen Platz mehr unter uns. Niemand will sie zu Hause haben oder in seiner näheren Umgebung. Ihr Anblick ist uns unbequem, reißt uns aus unserer scheinbar so heilen Welt. Es soll uns nicht mehr verwundern, wenn Schopenhauer auch die geistige Beschränkung, als unserem Glücke förderlich ansieht. Dies soll uns an dieser Stelle zu bedenken geben.

Wie lallte doch jener Mann, von allen schlechthin als Dorfdepp deklariert: »Mir geht's gut, mir schmeckt's, ich kann jede Nacht fünfzehn Stunden am Stück schlafen. Ich könnte eigentlich immer schlafen.« Ein glücklicher Mensch, der von sich sagen kann, daß es ihm gut gehe und daß er einen gesunden Schlaf habe. Wir aber, die wir behaupten, geistig und seelisch gesund zu sein, haben tausend Dinge, die uns das Leben erschweren. Wir klagen über Schlafstörungen, haben Sorgen und leiden unter dem Zivilisationsdruck.

Stellvertretend für viele dieser ehemaligen sogenannten Dorfdeppen soll hier nochmals an den »Jakob mach die Fensterläden zu, die Fliegen kommen« (gemeint waren mit den Fliegen Flugzeuge) erinnert werden. Jedesmal, wenn er aus dem Fenster schaute, riefen die Kinder ihm zu: »Jakob mach die Läden zu, die Fliegen kommen.« Er schloß sogleich die Fensterläden und fünf Minuten später öffnete er sie wieder, mußte sie aber sogleich wieder schließen, weil die auf der Straße stehenden Kinder das makabere Spiel mit ihm nach Herzenslust solange weitertrieben, bis ihnen die Lust verging. Wir vermissen sie, diese heutzutage unbequemen, tragisch-komischen Randfiguren wie den unheimlichen »Burgvogt – Oh ja«, in dessen kleines Hexenhäuschen sich niemand wagte, der jede Frage und jeden Gruß mit »Oh ja« beantwortete. In unseren Ohren klingt noch das Lied einer von Heimweh geplagten Geistesschwachen, die jedem, der sie fragte, wie es denn im Unterland sei, das Lied »Drunten im Unterland, da ist es schön« vorsang. Das Schicksal hatte sie ins Oberland verschlagen.

Diese Menschen sind nahezu aus dem Dorfbild verschwunden. Heute werden solcherart Behinderte in Heimen und Anstalten verwahrt und betreut. Ihnen und auch uns wird dadurch ein Stück Heimat und ihnen zusätzlich ein Stück ihrer selbst genommen.

Sie alle sind Dorforiginale, Außenseiter des Bürgertums, über die kleinen Normen des Durchschnittslebens erhaben.

Für Hermann Hesse stehen sie, wie er sie im »Steppenwolf« beschrieb, außerhalb der bürgerlichen Welt. »Dennoch leben sie in mancher Hinsicht auch ganz und gar bürgerlich; sie bleiben immer in der Provinz der Bürger wohnen, zu deren Gewohnheiten, zu deren Normen und Atmosphäre sie stets in positiver oder negativer Beziehung stehen. Sie sind vom Inhalt bürgerlichen Ideals und Glaubens längst befreit. Das »Bürgerliche« ist nichts anderes als der Versuch eines Ausgleichs, als das Streben nach einer ausgeglichenen Mitte zwischen den zahllosen Extremen und Gegensatzpaaren menschlichen Verhaltens. Der Bürger versucht in temperierter Mitte zu leben. Sein Ideal ist nicht Hingabe, sondern Erhaltung des Ichs. Er will zwar tugendhaft sein, es aber auch ein bißchen gut und bequem auf Erden haben. Er versucht, dies gelingt ihm auch, zwischen den Extremen sich anzusiedeln, jedoch auf Kosten jener Lebens- und Gefühlsintensität, die ein aufs Unbedingte und Extreme gerichtetes Leben verleiht. Intensiv leben kann man nur auf Kosten des Ichs. Der Bürger nun schätzt nichts höher als das Ich.« Die Originale sind im Gegensatz zum Bürger, wie Hesse weiter sinngemäß formuliert, ›ihrem Wesen nach kein Geschöpf von schwachem Lebensantrieb, ängstlich, jeder Preisgabe ihrer selbst fürchtend, leicht zu regieren‹.

Wir zeichnen kein Psychogramm von gescheiterten Menschen, sondern von Menschen, die »festen Trittes sich gesondert halten von den andern«. (Max Reuschle) Durch ihr starkes Persönlichkeitsprofil heben sie sich von den anderen ab. Sie sind Mensch geblieben, ursprünglich und nicht deformiert, einmalig, die nicht ihresgleichen haben. Sie schaffen die Rahmenbedingungen innerhalb derer die Mitläufer, die Dutzend- und Herdenmenschen, Menschen ohne starke Prägung und Persönlichkeit sich trauen, sich frei zu geben und zu entfalten. An ihnen kann sich die Masse reiben, da sie positive und negative Impulsgeber sind. Lassen wir sie sich selbst sein und versuchen wir nicht, sie anders zu machen. Der Versuch, der immer wieder gemacht wird, einen Außenseiter in die Gesellschaft zu integrieren, zeigt allzu deutlich, wie stark der Massenmensch sich in seiner Fadheit verunsichert fühlt. Wie stark sein Selbstwertgefühl angekratzt ist, erkennt man am empfindlichen Verhalten »den Alternativen« gegenüber.

Die heutige Leistungsgesellschaft läßt dem einzelnen Menschen keinen Freiraum, seinen Charakter voll auszuleben bzw. zum Ausdruck zu bringen. Alles ist genormt, reglementiert und wird verordnet. Die Wohlstandsgesellschaft und das Anspruchsdenken haben einen anderen Status geschaffen. Geld und Besitz sind zum allgemeingültigen Maßstab geworden. Die ländliche Bauernhofidylle, Nährboden für Originale, ist verschwunden. An ihre Stelle sind der sanierte Dorfkern und die einheitlichen, sterilen Neubausiedlungen getreten, in denen der Einheitsmensch aus dem Hang und Zwang heraus, etwas Besseres sein zu wollen, nach dem Motto »Hast du was, bist du was« – lebt. Wenn dieses Verhalten sich weiter manifestiert, so wird alles in unserer Gesellschaft in den einen Satz münden: »Vornehm geht die Welt zugrunde«.

Dieses Buch will die einfachen, hintergründigen Wahrheiten dieser unverfälschten Individuen festhalten und weiter leben lassen. Wer diese Menschen richtig betrachtet und anhört, wie z.B. den »Steirers Schorsch«, der seine hintergründigen Lebensweisheiten erzählt, dem können Einsichten, Ordnungen sichtbar gemacht werden, die vielleicht mancher schon lange vergessen hat.

*Dr. Wolf-Dietmar Unterweger*

## *Wenn der Spatz Vogel des Jahres wird, dann geht die Welt unter, meint Steirers Schorsch*

Seit sie den Reinhardtsbergweg geteert haben, lauf ich nicht mehr gerne dort rauf. Jetzt sind die Schlehenhecken am Wegrand weg, und ich sehe keinen Neuntöter mehr. Dieses Jahr ist er zum Vogel des Jahres gewählt worden. Daß er das wird, habe ich schon vor zwanzig Jahren gewußt, nachdem alle Hecken in unserer Landschaft gerodet worden sind. Es darf nicht soweit kommen, daß der Spatz noch Vogel des Jahres wird, denn dann geht die Welt unter.

In unserem Dorf fehlen haufenweise Bäume. An der Kirche haben doch wunderschöne Kastanienbäume gestanden. Auf einmal mußten sie weg. Die vielen Pappeln an der Poststraße mußten auch ihr Leben lassen. Und unsere schöne alte Dorflinde beim Schmiedbauer stand auch im Wege. Hunderte von Jahren hat sie niemand gestört. Ich erinnere mich noch gut an die Komödie bis die gefällt war. Es waren nicht alle im Dorf dafür, daß man die entfernte.

Man hat doch in den letzten Jahren nichts anderes getan, als Bäume gefällt. Immer wurde von der Dorfverschönerung gesprochen, in Wirklichkeit aber wurde das Dorf verschandelt. Wenn ich dazu was gesagt habe, dann hat es geheißen, das verstehst du nicht, du mußt mit der Zeit gehen. Ich glaube, ich habe immer schon anders gedacht, aber bestimmt nicht falsch.

Nichts anderes hat man getan, als Gräben zugemacht, die Weihung, unseren Bach, begradigt und eine Betonmauer nach der anderen hochgezogen. Fast alle Fußwege im Dorf sind verschwunden. Hätte man die gelassen, dann bräuchte man jetzt nicht wieder Gehwege für teures Geld anlegen. Manches geschichtsträchtige Haus wurde abgerissen. Für viele sind alte Häuser Schandflecke. Die können nichts damit anfangen.

Was haben da für schöne Obstbäume gestanden entlang der Dietenheimer Straße, nach Großschaffhausen, nach Unterbalzheim rüber und zum Reischenhof rauf. Die schönen Obstgärten, die wir im Dorf hatten, sind fast alle verschwunden. Wie oft hat man zu mir gesagt, »Schorsch, tu doch deine alten Obstbäume raus, was willst du mit denen?« Aber ich trinke halt gerne Most, und dazu braucht man alte Obstbaumsorten.

Jetzt wäre es an der Zeit, daß man die zugeschütteten Weiher wieder freilegt, der Weihung wieder ihren natürlichen Lauf gibt und Kopfweiden auf beiden Seiten der Böschung pflanzt. Das schadet den Bauern nicht.

Früher hat man überall Teiche und Tümpel gehabt. Heute braucht man Experten dazu, um die Leute zu überzeugen, wie wichtig so ein Froschteich ist. Einer reicht ja sowieso nicht. Was wir brauchen, ist eine Biotopvernetzung übers ganze Dorf, sozusagen von Dorf zu Dorf und von Land zu Land. Über die ganze Welt brauchen wir die Natur.

Geteerte Feldwege und Betonstützmauern brauchen wir keine mehr. Wer das nicht einsieht, der leistet dem Untergang vieler Tierarten durch »Verinseln« zur Inzucht Vorschub. Eine Grenze zwischen Ost und West tut auch den Tieren nicht gut, das muß einmal gesagt werden. Da braucht man nicht studiert haben, um das zu wissen.

Jetzt haben wir Gott sei Dank wieder einen Teich im Dorf, aber nur einen. Ein Bauer soll gesagt haben: »Wenn ich einen Frosch in meiner Wiese sehe, aber dann . . ., dann schlag ich ihn tot.« Ich glaube aber nicht, daß er das tut. Der fährt ihn vorher mit dem Traktor tot. Der steigt bestimmt nicht dazu ab. Die Bauern haben doch dazu gar keine Zeit.

Eines muß man auch wissen. Mit so einem Biotop, ich sage Froschteich, damit's alle verstehen, kommen eines Tages weitere Verbote hinzu. Für die Leute: Baden und Schlittschuhlaufen verboten. Früher jedenfalls hat das den Fröschen nicht geschadet. Und für die Frösche: Quaken in lauen Sommernächten verboten.

Am Reck turne ich noch jeden Tag, es steht hinten im Garten. Ich bin schon über siebzig. Damit es beim Aufsprung auch weich ist, habe ich Heu hingeworfen, was ich sonst für meine Hasen und zum Einstreuen für den Hennenstall brauche. Ich bin schon als Kind zum Turnen gegangen und war bereits mit elf Jahren, 1922, Mitglied im Verein geworden, den man 1920 gegründet hat. Damals hat man noch im Zehntstadel geturnt. Da hat der Turnverein sogar noch eine Sängerriege gehabt.

Als ich 1947 aus der englischen Kriegsgefangenschaft heimgekehrt bin, habe ich mit dem Kinderturnen angefangen und dieses dann mehrere Jahrzehnte geleitet. Mit den Kindern turne ich auch heute noch manchmal, wenn Not am Mann ist. Turnen verstehe ich wie Turnvater Jahn als umfassende natürliche Betätigungsform. Dazu zähle ich neben dem Turnen an den Geräten die Freiübungen, das Laufen, Spielen, Wandern und Schwimmen. Fürs Spezialisieren war ich noch nie, immer nur für die Vielseitigkeit.

Ich habe kein Auto, dafür aber drei Fahrräder. Eines für den Sonntag und die anderen zwei nehme ich am Werktag, je nachdem wie das Wetter ist. Sie sind schon über fünfzig Jahre alt. Mit dem Fahrrad fahre ich überall hin. Kein Weg ist mir zu weit. Ich kenne nicht nur meine nähere Umgebung wie meine Hosentasche, sondern auch die weitere. Während der Olympiade 1972 bin ich mit meiner Frau die 150 km nach München mehrere Male in der Woche hin und zurück gefahren.

Seit meiner Jugend habe ich an allen kleinen und großen Turnfesten teilgenommen, wie an Gau-, Landes-, deutschen- und österreichischen Turnfesten und Alterstreffen als Aktiver und Kampfrichter. Bei diesen Wettkampfveranstaltungen schlafe ich dann mit den Jungen auf der Luftmatratze in der Turnhalle oder einer Schule.

Jeden Freitag gehe ich noch in die Turnhalle zum Turnen. Es hat schon manche Sitzung gegeben, im Turnverein und in der Gemeinde, um uns Turnern die Turnstunde am Freitag zu streichen. Es würde sich nicht mehr lohnen wegen den paar Turnern, die Halle zu öffnen. Und überhaupt, was kann der Alte noch, meinten sie. Da haben sie Recht, eine Tanzveranstaltung mit Bierausschank lohnt sich bestimmt mehr. Daß die Turnhalle dann zweckentfremdet wird, stört sie aber nicht.

Warum ich immer noch zum Turnen gehe? Ha, weil ich glaube, daß in einem gesunden Körper ein gesunder Geist drin ist. Aber stimmen muß das noch lange nicht. Einen gesunden Geist braucht man, um das alles zu verstehen, was in den Zeitungen und Blättern geschrieben steht und im Fernseher zu hören und zu sehen ist. Ich verstehe aber trotzdem nicht mehr alles, was die Oberen so machen. Das ist mir einfach zu hoch.

Ja, wenn man mitreden will, dann muß man viel lesen. Und das tue ich. Ich bin abends lange auf, meistens bis nachts um halb zwei. Da habe ich meine Ruhe und kann mich meinen Zeitungen und Büchern widmen. Am liebsten lese ich Gesetz- und Geschichtsbücher. Ich lese viel zwischen den Zeilen und denke mir dann mein Zeug dazu. Ich bin ein realer Utopist. Was heute Utopie ist, ist morgen Wirklichkeit, oder was war, kommt wieder. Das steht alles in der Bibel. Die muß man halt auch lesen.

Jetzt wissen wir noch lange nicht alles. Ja, ist das schlimm, wenn wir's nicht wissen?

***Es ist gut,
daß es die Bauersleute
Paul, Agnes
und Kunigund
noch gibt . . .***

»Die Oma, der Mann, mein Bub, ich und unsere Viecher - wir wohnen alle unter einem Dach.

Am liebsten bin ich in meiner alten Küche. Da finde ich mich am besten zurecht.«

***Es ist gut,
daß es die Lena
von der Hammerschmiede
noch gibt . . .***

»Mein Bruder und ich, wir haben uns schon oft gefragt, was wird wohl einmal aus unserer Hammerschmiede, wenn wir nicht mehr leben.

Hoffentlich gibt es dann jemanden, der das Herz und den Verstand hat, sie nicht abzureißen. Nur der soll sie bekommen. Zum Abreißen braucht man keinen Verstand, da reicht die Dummheit. Bei unserer Hammerschmiede hängen wir an jedem Gräsle und Nagel.«

***Es ist gut,
daß es einen solchen Knecht
wie den Gommel Fritz
noch gibt . . .***

»Bei so einem Wetter jagt man keinen Hund vor die Türe, aber der Knecht muß bei jedem Wetter raus.

Mir macht es nichts aus. Es kann einem nicht immer die Sonne scheinen. Man muß das Wetter halt nehmen wie es ist.

Und unser Herrgott kann es sowieso nicht jedem recht machen. So ist es.«

***Es ist gut,
daß es die alte Wangerin
noch gibt . . .***

»Man muß halt arbeiten und sein Kreuz tragen. Jedes. Es bleibt einem nichts anderes übrig.

Wie es ist, ist es nichts. Ja, und wenn es aber zu schwer ist, dann, dann drückt es schon hart. In sich hineinlassen, ist nichts. Wenn man es rauslassen kann, ist es besser als wenn man es in sich hineinfrißt.

Aber so ist es eben. All das ganze Zeug im Leben so mitmachen, oh, das geht nicht so spurlos an einem vorbei. Und wenn man nicht schon empfindlich ist, dann wird man es doch.

Ich weiß nicht, wie viele Katzen wir haben. Die kommen garnicht mehr alle miteinander heim. Und jetzt gerade sowieso, bis die Raunzerei vorbei ist. Jetzt haben sie keine Zeit, um immer zu fressen. Aber wenn sie dann einmal wieder hungrig sind oder Junge haben, dann kommen sie.

Entweder bringen sie die Jungen gleich mit . . . oder erst wenn sie schon halb gewachsen sind, so daß man sie nicht mehr töten kann. So geht es dann. Und so bringt man ganze Haufen zusammen. Ja . . .

Selber hat man doch nicht das hingebracht, was man gewollt hat. Das Alter hätte man schon längst - wir haben keine Kinder. Verdammt noch einmal. Da verzieh ich das Gesicht.

Da sieht man es gut, schwäbische Leute sind gute Deutsche.«

***Es ist gut,***
***daß es den Hans***
***noch gibt . . .***

»Mein Vater hat immer gesagt, du brauchst doch nichts lernen, dich brauchen wir auf dem Hof.«

***Es ist gut,***
***daß es das***
***Fräulein Berta***
***noch gibt . . .***

»Aber ungelogen, zweiundachtzig bin ich. Das glaubt man mir nie. Ja, glauben oder nicht glauben. Ja, ja . . .

Ich war nicht verheiratet, drum bin ich noch so rüstig. Ha, ha . . .

Wenn ich geheiratet hätte, dann wär ich vielleicht nicht mehr da. Ja, wissen Sie, es geht verschieden, es geht verschieden. Jawohl.

Man weiß nie, nein, ja . . .«

***Es ist gut,
daß es einen solchen Schäfer
noch gibt . . .***

»Mein Bruder hat den Hof - ich kann nicht mehr heim. Ich ziehe mit Hunden und Schafen seit fünfundzwanzig Jahren umher. Ich bin immer mit meinen Tieren allein. Ich schlafe, wo es gerade Platz gibt, im Wald, im Unterholz, in einer Hütte, vielleicht mal bei einem Bauern - vielleicht. Ich gehöre nicht zu den anderen, wo passe ich denn schon hin? Nirgends.

Wenn die Bauern mich kommen sehen, dann fahren sie noch schnell Jauche aufs Feld, damit ich mit meinen Schafen verschwinde. Ich soll immer verschwinden, und ich verschwinde - ich will, ich brauche niemanden. Ich hab' halt den Schnaps, er wärmt die Gurgel, besser gegen die Kälte ist Wein. Und Zeitungspapier oder Stroh in den Stiefeln hält von unten herauf warm - eine Wärme braucht halt der Mensch.

Ich weiß, die anderen denken, wie soll es mit dem noch enden. Was wissen die alle schon von mir?«

***Es ist gut,
daß es die Geißenmaries
Poldi und Berta
noch gibt . . .***

»Unsere Ziegen sind unsere Kinder. Aber wir mögen alle Tiere gleich gern. Sie haben es bei uns gut und dürfen frei herumlaufen. Die Enten dort auf dem Holzstapel und im Teich und dann noch die Hühner, die zwischen den Falläpfeln herumscharren.

Dort drüben die Ziege, das ist eine gute Milchziege. Sie gibt viel Milch. Wir melken sie früh und am Abend. Man soll sie aber nicht ganz ausmelken. Nein, das soll man nicht! Es gibt Leute, die wollen den letzten Tropfen herausholen. Das bringt nichts! Gar nichts bringt das.«

*Es ist gut,*
*daß es die*
*alte Schorrenbäuerin*
*noch gibt . . .*

»Als meine Mutter gestorben ist, mußte ich meine Stelle als Magd aufgeben und heimkommen, um dem Vater zu helfen. Der Vater hat gesagt: hat man vier Mädchen und fünf Buben großgezogen, dann kann man erwarten, daß eines davon heimkommt um zu helfen. Und dann bin ich nicht mehr zum Heiraten gekommen. Hm, hm . . . Ich bin daheim geblieben, allein. Ich hab keine Angst.

Früher hatte ich noch einen Hund, aber der ist überfahren worden, und der nächste hat alle Hennen bis auf zwei gefressen. Jetzt habe ich noch drei Kühe.

Eine Rente bekomme ich keine, weil ich bloß sieben Morgen Land habe, ab neun Morgen gibt es Rente.

Vom Amt hat mal einer gesagt, daß Sie überhaupt leben können von dem wenigen. Ich lebe nur vom Milchgeld. Früher habe ich noch Eier verkauft. Das Wasser habe ich vom eigenen Brunnen. Es ist gut. Ein Radio, einen Fernseher und eine Zeitung habe ich nicht. Wissen Sie, mir fehlt nichts, außer, daß ich kaum noch laufen kann.

Die großen Bauern wollen meine Felder. Die wollen immer größer werden und reißen alle Bäume raus, weil sie nur noch mit dem Traktor fahren wollen. Solange ich lebe, ich bin jetzt 71, bleiben die Bäume stehen. Die Bauern sind zu faul zum Absteigen und haben keine Ehrfurcht vor dem Leben mehr. Wissen Sie, sie können heutzutage nicht einmal mehr mit der Sense mähen, geschweige sie dengeln. Darum kommen sie immer zu mir, damit ich es ihnen zeige.

Mein Neffe hat auch einmal gesagt, jetzt geh doch ins Altersheim, da hast du es doch schöner. Aber ich muß sagen, mir reicht mein Haus, das ist meine Heimat, und ich bin zufrieden. Die neuen Häuser sind schon schön, aber die haben auch alle eine Tür zuviel, und das ist die, aus der man einmal rausgetragen wird und nichts mehr mitnehmen kann.«

***Es ist gut, daß es Steirers Schorsch noch gibt . . .***

Steirers Schorsch ist beim Umgraben und redet vor sich hin: »Was soll man jetzt arbeiten, wenn's draußen regnet? Ich weiß nicht, ob's Bodenführen geht? Man muß es halt mal probieren. Bis jetzt ist es jeden Winter gegangen und das schon vierzig Jahre. Den Keller für unser Haus habe ich mit der Hand ausgehoben. Heute würde das keiner mehr tun.

Hier muß später noch ein Baum hin. Vorerst kommt aber noch keiner hin. Da muß der alte erst absterben. Der lebt noch, der hier steht. Was da für einer hinkommt, das weiß ich noch nicht. Auf jeden Fall ein Hochstammapfelbaum, eine alte, heimische Sorte. Ich predige das schon zwanzig Jahre lang, daß man die alten Obstbäume nicht rausschlagen soll. Die Brettacher, die jeder pflanzt und meint, er hätte jetzt eine alte Sorte, die brauchen wir nicht mehr. Jetzt, was kommt dann für einer hin? – Transparent, Jakob Lebl, Bohnapfel, die kenne ich noch von früher. Aber dann kommst du zur Baumschule und willst so einen und mußt hören: »Jetzt will alles Hochstammobstbäume, aber wir haben keine.« Da kann ich bloß sagen, der hat geschlafen. Ich habe das schon lange gewußt, daß die wieder in Mode kommen, drum habe ich meine gleich stehen lassen. Alles kommt wieder, was man einmal gehabt hat.

Hier muß ich aber noch Boden hinführen, damit der Baum wachsen kann. Ja, versteht ihr das denn nicht? Ich kann doch keinen neuen Baum pflanzen, bevor der alte nicht weg ist, und der lebt ja noch. Alles braucht seine Zeit, aber alles.

Plötzlich zerbricht das Rad vom Schubkarren. Steirers Schorsch schaut sich die Sache an und spricht weiter:

»Der Schubkarren muß jetzt gewaschen werden, den brauche ich wieder. Ja, wo bekomme ich jetzt so ein hölzernes Speichenrad her? Wo gibt es jetzt noch einen Wagner? Im Dorf haben wir schon lange keinen mehr.«

***Es ist gut,***
***daß es den Josef***
***und die Josefa***
***noch gibt . . .***

»Wir waren eine Menge Kinder. Drei von meinen Brüdern waren taub. Der Josef hat als Knecht hier in der Gegend gearbeitet. Er ist der Jüngste und ist taubstumm. Haja, früher hat man doch den Kindern, damit sie still waren, Schnaps zum Trinken gegeben.

Ich sage immer wieder:

»Der Josef kann nicht reden, hat aber mehr zum Sagen, als viele Leute, die immer reden.«

Der Josef schaut morgens immer zuerst aus dem Fenster raus . . ., schaut nach der Katze . . ., und dann macht er sich Gedanken, was er den Tag über alles arbeitet . . .

Mit seiner Gesundheit geht es langsam bergab . . ., Rheuma hat er in den Knien . . ., die Gicht in den Händen . . ., das Reißen im Kreuz . . .
es fällt ihm richtig schwer, aufrecht hinzustehen.

Trotz all diesen Beschwerden, die er hat, hört man ihn selten klagen. Am liebsten hackt er Holz, wie damals unser Kaiser Wilhelm.«

***Es ist gut,
daß es den Eugen
noch gibt . . .***

Das ist einfach der Eugen. Sonst sagt man im Dorf nichts über ihn. Der Eugen ist im Stall daheim, er mistet den ganzen Tag aus, und er hört schwer.

## *Es ist gut, daß es die Vorderen-Röschs, den Hans und die Frieda noch gibt . . .*

»Was täte man in meinem Alter, ich bin vierundachtzig, ohne den Ackergaul. Es wäre einem doch langweilig. Er ist von mir immer gut behandelt worden, drum ist er auch so gutmütig und hat noch nie ausgeschlagen. Ich arbeite gern mit ihm. Die Arbeit mit so einem Ackergaul hält einen jung. Ja, ich muß schon sagen, was täte ich ohne meine Lies!

Früher hat jeder gesagt, schmeiß doch den alten Ofen raus, der ist doch nicht mehr schön. Was willst du denn noch mit dem? Heute ist es gerade umgekehrt. Jeder, der ihn sieht, möchte ihn gerne haben. Aber ich gebe ihn trotzdem nicht her. Ich habe immer schon gesagt, der genügt uns. Man muß nicht alles, was alt ist, sich aber bewährt hat, gleich rausschmeißen.«

***Es ist gut, daß es den »alten Herrn«, Spleiss Jakob, noch gibt . . .***

»Die kleine Landwirtschaft soll leben. Von der haben alle Menschen früher leben können. Da hat man noch keine EWG gebraucht. Alle Menschen haben leben können.
Das kommt garnicht in Frage, daß die kleine Landwirtschaft abgeschrieben wird.

Ich bin schon fünfundachtzig Jahre alt und immer noch holen mich die Bauern in den Stall, heute noch mehr als früher, wenn es etwas zum rumdoktorn bei den Kühen gibt. Manchmal ist das Rindvieh auch gescheiter als der »alte Herr« und steht von alleine wieder auf. Dann ist alles in Ordnung.

Wie man mit den Kühen richtig umgeht, das habe ich schon in meiner Jugend auf dem Reischenhof gelernt. Auch die Kühe wollen wie die Leute gestreichelt und nicht nur gemolken werden und den ganzen Tag im Stall rumstehen.

Weil daheim im Bett die Leute sterben, darum gehe ich jeden Abend nach dem Stall ins Wirtshaus. Da muß ich, der »alte Herr«, auf die jungen Leute aufpassen. Man weiß ja nie, was die nachts alles reden und anstellen. Die kann man ja nicht alleine lassen, nichtwahr! Die jungen Leute heute können das Bier nicht vertragen. Ich halt mich lieber an den Wein.

Johann, sei zufrieden, dich habe ich schon öfter nach Hause gebracht. Schon öfter! Muß man denn den »alten Herrn« noch so belästigen.

Ja, ist jetzt hier kein Fraule da? Ich möcht jetzt mit so einem Wildpferdle noch ein Krankenhauswässerle trinken. Wirtin, bring' eine Flasche Sekt . . .! Oh, tut das gut!

Pst. Paul, trinken wir wieder ein Schnäpschen. He, Paul! Uns zwei kann kein Mensch was antun. Also ex!

Haltet mal. Redet nicht so ein Zeug. Über so was spricht man nicht. Wir haben einen ganz jungen Menschen am Stammtisch. Den darf man nicht verderben. Nicht, daß der noch Pfarrer wird.

Du, paß mal auf . . . halt, deinen Schnabel. Herrgottsak . . . halt deinen Schnabel. Ich lebe mit allen Leuten in Frieden.

Was, es ist schon drei Uhr? Pst, pst . . . Wirtin! Jetzt brauche ich aber noch einen Kaffee! Und dann gehe ich noch auf meinen Streifzug durch das Dorf. Die Obere Dorfstraße ist ja sowieso furchtbar gefährlich. Da gehe ich immer unter meinem Hut.

Dann schaue ich noch bei den verheirateten Leuten zum Fenster rein . . . Hans, weißt du noch, damals, wo du mit deim Fraule im Bett gelegen bist . . . ich habe euch schon gesehen . . . das hat mich richtig gefreut . . . Das Licht war noch an.
Prost, Jakob! Trinken wir noch ein Schnäpschen, daß du hundert Jahre alt wirst!«

***Es ist gut,
daß es den
Beschte Josef
noch gibt . . .***

»Ich habe jedes Jahr Klatschmohn auf dem Acker. Das ist was ganz Natürliches. Die Ackerunkräuter haben doch auch ihren Sinn. Da drüberhinaus ist er ja auch eine schöne Blume. Aber heutzutage schämen sich die Bauern nicht nur für den Klatschmohn im Feld, sondern auch über ihr altes Haus.«

***Es ist gut,
daß es
Thoma'Sefs Paul
und Anna
noch gibt . . .***

»Wir haben immer in Frieden zusammengelebt. Ich habe die Hose an und meine Frau den Rock. Das ist auch gut so, dann kann man uns schon nicht verwechseln. Denn, wie heißt es in der Weissagung: Wenn man die Frauen nicht mehr von den Männern unterscheiden kann, dann geht bald die Welt unter.

Ich arbeite auf dem Feld und habe meine Schafe. Meine Frau arbeitet am Herd und versorgt die Hühner. Mit den Hennen redet sie wie mit kleinen Kindern, hört denen zu, und man soll es nicht glauben, die verstehen sie.

Am liebsten sammle ich Wurzeln. Wenn ich auf dem Feld oder im Wald arbeite, dann finde ich oft welche. Daheim bearbeite ich sie noch etwas, denn jede Wurzel stellt was dar. Ich weiß auch nicht, aber die Bauern, die sehen und fühlen nichts mehr, wenn sie draußen sind. Sie sitzen bloß den ganzen Tag auf dem Traktor und lassen sich von dem Krach noch ihre letzten Sinne rauben.«

***Es ist gut,***
***daß es die Geschwister***
***Jörg und Kathre***
***noch gibt . . .***

»Wenn ich in die Rente komme und man holt alle meine Kühe, dann können sie mich auch gleich mitnehmen. Meine Afra, die habe ich fünfundzwanzig Jahre gehabt, und die hat immer noch genug Milch gegeben. Ein bißchen weniger schon, als die andern im Stall. Aber es war meine Liebste. Die hat's gut gehabt bei uns, die ist das Herumschlagen nicht gewöhnt gewesen. Ich habe geheult, als man sie fortgeholt hat.

Wenn jetzt eine Kuh kalbt, dann darf man die Milch praktisch vierzehn Tage nicht mitgeben. Dann stellen wir die ›Priester‹-Milch in Schüsseln auf, blasen den Rahm ab und rühren ihn in einem hölzernen Rührgefäß bis Butter daraus wird. Aus der Butter, die man zum Essen nicht braucht, machen wir Butterschmalz.

Die Butter wird in einem Topf bei einer bestimmten Hitze heißgemacht. Dann verläuft sie und wird gekocht bis das Fett klar ist im Topf. Dann gießt man es ab. Was unten drin sitzen bleibt, ist das ›Siedere‹, oben drüber schwimmt das Butterschmalz, das schön goldgelb ist . . . das ist gesund und gut zum Essen.«

***Es ist gut,
daß es
Stockers Meinrad
noch gibt . . .***

»Man kann nicht genug aufpassen, nicht genug . . . Ich traue keinem.

Meine Katze und ich, wir wissen Bescheid.
Wir haben da unsere Erfahrungen.«

***Es ist gut,
daß es die
unverheirateten
Brüder
Franz und Georg
noch gibt . . .***

»Ich sage,
was der Franz tun muß.«

»Ich tu,
was mir der Georg sagt.«

***Es ist gut,***
***daß es den***
***ledigen Knecht Pepi***
***noch gibt . . .***

»Grüß Gott . . . man soll unseren Herrgott schon noch sehen, darum mähe ich etwas um das Kreuz herum.

Ich glaube, ich bin der einzige Knecht weit und breit. An Lichtmeß kann man heutzutage nicht mehr wechseln; es gibt gar nicht mehr viele Höfe, die einen Knecht einstellen.

Auf dieser Welt habe ich zu wenig Geld. Was ich habe, das verdient schon ein kleiner Junge. Es reicht gerade zum Rauchen. Ja, das ist wahr.

Ich bin jetzt fünfundfünfzig Jahre alt. Meinen Geschwistern bin ich nicht wert, daß sie mich hier mal besuchen. Mein Bruder hat gesagt, wenn die Mutter stirbt, dann brauchst du nicht mehr heim kommen.

Einen eigenen Bauernhof zu haben, interessiert mich schon lange. Ich möchte halt so gerne selber was.

Ich hab schon ein eigenes Viehputzgerät, eine Maschine zum Strohballen pressen und einen Traktor.
Ich hab jetzt eine Heiratsanzeige aufgegeben, aber es hat sich noch niemand gemeldet. Oder wißt ihr eine Frau, die einen Hof hat?

Ich kann jetzt nicht mehr stehen bleiben, ich muß weiterarbeiten, sonst kommt die Bäuerin. Dann . . .«

***Es ist gut, daß es den Müller Fritz und seine Schwester Ann noch gibt . . .***

»So gehst du mir aber nicht ins Dorf. Da muß man sich ja schämen mit dir. Man würde es nicht glauben, daß deine Schwester eine Schneiderin ist.«

»Schwätz nicht wieder so viel im Wirtshaus. Du kannst über andere schwätzen, aber deine Meinung brauchst du nicht immer zu sagen.«

»Sei mir doch still mit deinem ›Kleider machen Leute‹.«

»Also gel, das eine muß ich dir sagen, ich sage, was gesagt sein muß.«

***Es ist gut,***
***daß es den***
***Grettenmacher Karle***
***noch gibt . . .***

»Ich bin gerne Knecht, schon fünfzig Jahre lang.

Mir ist es immer gut gegangen. Für mich ist gesorgt.«

***Es ist gut,
daß es Veites Theres
noch gibt . . .***

»Ich hänge so an meiner Heimat. Hier fühle ich mich wohl. Es ist doch nirgends schöner als daheim.
. . . Warum alles immer verändern?«

Bestand

***Es ist gut, daß es den Schupp Konne noch gibt . . .***

».. .rinnen muß der Schweiß, soll das Werk den Meister loben, doch der Segen kommt von oben.

Das Gedicht kenne ich noch von meiner Schulzeit her. Wir haben viele Gedichte auswendig lernen müssen, die kenne ich alle noch. Wenn man einmal eines nicht gekannt hat, dann hat man vom Lehrer gleich einen Hosenspanner oder eine Tatze bekommen. Das hat aber nicht geschadet.«

***Es ist gut, daß es den Rutengänger Gratwohl noch gibt . . .***

»Ich kenne den Vogel unter meinem Hut, der heißt bei mir Wünschelrut. Mein Name ist Gratwohl, fühle mich sauwohl. Wenn ich zuviel gesoffen hab, wird's mir unwohl und trotzdem – Gratwohl.«

Bevor die Rute auf dem Grundstück zum Einsatz kommt, schaut der Rutengänger zur Orientierung im Garten umher, um anschließend voll konzentriert mit seiner Rute auf der Suche nach Wasser zunächst parallel zu einem Berghang entlang zu gehen. Er kommentiert mit folgenden Worten seine Tätigkeit:
»Schaut her! Hier scheint sich etwas zu tun. Ich spüre es.« Und schon schlägt die Rute aus. »Kommt her und haltet die Rute fest!« Kaum zu glauben, es ist nicht zu schaffen. Die Rute biegt sich über der Wasserader nach oben. Prüfende Blicke. Ein feuchter Untergrund scheint seine Annahme zu bestätigen.
»Wissen Sie, ich bin auf der rechten Seite positiv, und links bin ich negativ geladen. Wenn ich mit der Rute auf Wasser komme, dann fließt Strom von positiv nach negativ, und die Rute schlägt aus.«

In Fließrichtung stehend wird eine andere Rute nach der Literzahl befragt. »Wieviel Liter kommen pro Minute? Wieviel Liter, wieviel Liter, wieviel Liter? Das war die Frage ans Wasser und das Wasser gibt mir die Antwort über meinen Körper zurück.
1, 2, 3, 4, 5, . . . 15, 16, 17 Liter! Die Rute hat sich also 17mal gedreht, bis mein Körper aufgeladen war. Das steht alles auf dem Boden geschrieben. Da können Sie den größten Bauernhof hinhängen.«

Der Hausherr: »Also das sind schon . . ., das können wir nicht mehr fassen.

Der Rutengänger: »Ja, ah, wissen Sie, da muß man viel lernen, bis man einsieht, daß man nichts kann. Da braucht man lange, bis man das kann. Gel.

Also in der roten Röhre, da ist ein Pulver, genauer, da sind Spurenelemente drin. Und das Pulver, das müssen wir jetzt richtig einvisieren. Jetzt kommt's. Gel! Und das Kästlein legen Sie so hin, daß nichts mehr verrutscht. Nicht wackeln. So und jetzt ist Ruhe. Jetzt ist euer Feld, das von der Wasserader kommt, entstört.

Jetzt muß ich zu Josenbauers Marie, eurer Heilpraktikerin im Dorf, hinaufgehen. Die versteht was von ihrem Zeug, sagt man. Dort krieg ich noch eine Spritze aufs Herz. Ja, die Arbeit ist anstrengend. Die Marie hat mir schon viele Patienten geschickt. Wenn ihre Medizin nicht anschlägt, gel, dann liegen die auf einer Wasserader. Da gehen die Leut allweil zum Doktor und der gibt denen die beste und teuerste Medizin und die schlucken eine nach der andern. Das kann aber nicht hinhauen, wenn die jede Nacht auf der Wasserader liegen.

Ja, seit der Fernsehsendung ist die Nachfrage nach mir enorm gestiegen. Jetzt grad ist's arg. Die bringen mich noch um.
Die Leute brauchen die Marie und mich.
Wir müssen noch lange leben.

Also dankeschön . . . machs gut . . . und behüt' dich Gott!«

***Es ist gut,
daß es den Xavere
noch gibt . . .***

»Wenn ich nicht wär, dann würde man bei uns keinen Most mehr trinken. Die Jungen hätten schon alle Obstbäume umgeschlagen, damals, als es dafür noch Prämie gegeben hat.

Wir haben unsere Obstbäume noch nie gespritzt, aber sie haben immer getragen. Natürlich manchmal weniger, manchmal mehr, aber gereicht hat es immer.«

***Es ist gut,
daß es die alte
und die junge Becke
noch gibt . . .***

»Meine Mutter und ich betreiben unseren Hof immer noch so, wie man das früher gemacht hat, und darauf sind wir stolz. Es geht zwar langsamer vorwärts als bei den andern, aber eines muß man wissen, Kirchweih haben wir jedes Jahr am gleichen Tag.«

***Es ist gut,
daß es den Done
noch gibt . . .***

Der Done, das ist der Knecht in Oberstetten. Der arbeitet überall bei den Bauern, sagt man.

Die Zigarre hat er immer im Mund. –
Der ist schon in Ordnung!

***Es ist gut,
daß es den alten Hölger
noch gibt . . .***

»Laßt mich doch noch in meinem alten Häuschen leben! Hier gehör ich hin. Meine Hunde brauchen mich, und ich brauche sie. Was soll ich auch im Altersheim? Die Gemeinde will mich ja schon lange dort hinbringen, aber sie hat kein Geld und ein Glück, daß ich so eine niedrige Rente hab.«

***Es ist schade,
daß es Tante Emil
und Onkel Lärd
nicht mehr gibt . . .***

**Idyllisch gelegenes Bauernhaus**

voll erschlossen, mit großem Garten 3980 $m^2$,
mit angebauter Scheune, Bj. 1929, und Nebengebäude in
Kadeltshofen, 12 km bis Ulm, aus Nachlaß zu verkaufen.

Es ist schade, daß es Tante Emil und Onkel Lärd nicht mehr gibt. Mit ihnen sind wieder zwei Dorfcharaktere von uns gegangen.

Ihr Dorf ist ärmer geworden. Auch ein Stück selbstgeschaffener Lebensraum wird für immer verschwinden. Mit dem Verkauf ihres Bauernhauses sind nicht nur zwei Menschen gestorben, sondern auch Zeugen einer unwiederbringlichen Zeit.